西南传统村寨
适应性空间优化图集

①喀斯特地区

周政旭　主编

中国建筑工业出版社

图书在版编目（CIP）数据

西南传统村寨适应性空间优化图集. ①，喀斯特地区/
周政旭主编. — 北京：中国建筑工业出版社，2023.3
ISBN 978-7-112-28457-3

Ⅰ.①西… Ⅱ.①周… Ⅲ.①少数民族—民族地区—
村落—乡村规划—西南地区—图集 Ⅳ.
①TU982.297-64

中国国家版本馆CIP数据核字（2023）第039098号

责任编辑：段　宁　张伯熙　戚琳琳
书籍设计：锋尚设计
责任校对：芦欣甜

西南传统村寨适应性空间优化图集

周政旭　吴　潇　程海帆　主编

*

中国建筑工业出版社出版、发行（北京海淀三里河路9号）
各地新华书店、建筑书店经销
北京锋尚制版有限公司制版
河北鹏润印刷有限公司印刷

*

开本：787毫米×1092毫米　1/16　印张：13½　字数：324千字
2023年3月第一版　　2023年3月第一次印刷
定价：**108.00**元（全四册）
ISBN 978-7-112-28457-3
（40889）

参与编写人员

本 书 主 编：周政旭　吴　潇　程海帆

分 册 主 编：周政旭

分册编写组成员：严　妮　封基铖　张　娜　高梦瑶　曾灿煦

陈　耸　周　畅　王馨艺　黄小静　原雅迪

前 言

我国幅员辽阔、地域多样、文化多元一体。西南地区是传统村落分布最为集中、地方和民族特色最为突出的地区之一。在漫长的历史进程中，植根于文化传统与地方环境，形成了风格各异、极具特色的村寨和民居，适应于不同的气候、地形、自然环境以及生计模式。但同时，西南村寨民居也存在应灾韧性不足、人居环境品质不高、特色风貌破坏严重、居住性能亟待改善等问题。现有的村寨设计技术适应性不强，相关技术单一缺乏集成，亟需研发集成西南民族村寨空间优化技术。

在国家"十三五"重点研发计划"绿色宜居村镇技术创新"专项"西南民族村寨防灾技术综合示范"项目所属的"村寨适应性空间优化与民居性能提升技术研发及应用示范"课题（编号：2020YFD1100705）的支持下，清华大学、四川大学、昆明理工大学联合西南多家科研院所、规划设计单位，开展村寨适应性空间优化技术研发示范工作，并在西南地区的数十个村寨开展示范。从技术研发与应用示范工作中总结凝练，最终形成中国城市科学研究会标准《西南民族村寨适应性空间优化设计指南》T/CSUS 50—2023。为配合指南使用，课题组编写本图集。

本书适用于中国西南地区存在空间优化及新建、扩建、迁移需求的村寨，针对喀斯特地区、苗岭山区、横断山区及高海拔聚居区等典型区域的村寨，提供适应性、本土化的设计指南和技术指引。本书共分四册，每册针对一个典型地区，涵盖村寨选址与体系优化、生态保护与农业景观、村寨形态与空间格局、公共空间与景观、村寨交通体系、村寨公用设施、公共服务设施、民居与庭院、低碳能源利用等内容。

本书由清华大学、四川大学、昆明理工大学团队合作编写。在理论研究、技术研发与指南和图集审查过程中，得到了中国科学院、中国工程院院士吴良镛教授，中国工程院院士刘加平教授，中国工程院院士庄惟敏教授，中国城市规划学会何兴华副理事长，清华大学张悦教授、吴唯佳教授、林波荣教授，四川大学熊峰教授，云南大学徐坚教授，西南民族大学麦贤敏教授，西藏大学索朗白姆教授，中煤科工重庆设计研究院唐小燕教授级高工，重庆市设计院周强教授级高工，安顺市规划设计院陈永卫教授级高工的悉心指导、中肯意见和大力支持。在技术研发与示范过程中，得到中国建筑西南设计研究院有限公司、贵州省城乡规划设计研究院、安顺市建筑设计院、四川省城乡建设研究院、四川省村镇建设发展中心、昆明理工大学设计研究院有限公司、云南省设计院集团有限公司、云南省城乡规划设计研究院等单位的大力支持。此外，过程中得到了西南多地政府部门、示范地村集体与村民的支持和帮助，在此不能一一尽述。谨致谢忱！

目 录
CONTENTS

第1章 喀斯特地区村寨概况

　　喀斯特地区土壤贫瘠，生态系统脆弱，环境容量小，土地承载力低，易发生土地石漠化。根据现行国家标准《民用建筑设计统一标准》GB 50352中的建筑气候区划分，喀斯特地区主要属于建筑气候V区（温和地区）。

　　我国的喀斯特地区主要有布依族、彝族、土家族、壮族、瑶族、苗族、仡佬族、毛南族、水族等世居民族。民族村寨广泛分布在河谷平坝、山间谷地等相对低平之处，多为聚居，部分位于山腰坡地，也可见杂居。

第 2 章　村寨选址与体系优化

2.1　村寨选址

2.1.1　安全性

　　为保证村寨选址安全性，应综合考虑喀斯特地貌易发灾害，合理选择建村地段，保证选址的安全性，并应符合下列要求：

· 避开地震断裂带、断层、岩体断裂面等地质危险地段及塌陷、崩塌、滑坡、泥石流等灾害点下游地区。
· 避开岩石裸露的山区、各类采矿区、大中型水库的环山渠道、地下水层受到破坏的高密度开发地区等喀斯特地貌灾害易发地区。
· 与河流宜保持一定的距离，避免洪涝侵害。

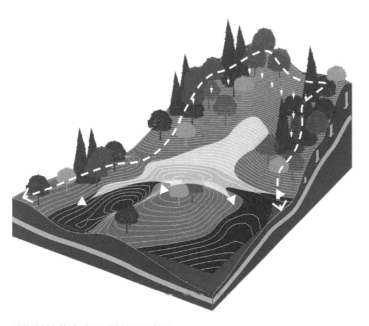

土地石漠化　　泥石流

塌陷　　滑坡

喀斯特地貌灾害易发地区示意图

2.1.2 生态性

为保证村寨选址生态性，村寨选址应避免对原有喀斯特生态环境的破坏，并符合下列要求：

- 不侵占田地，选址宜位于河谷边缘的山脚至山腰地带。秉持"依山不居山，靠水不靠岸，占山不占田，留平地耕作"的原则。

占山不占田

- 应避开生态敏感区域，选取自然环境承载力较好地段，避免过度开发导致喀斯特地区石漠化。

避免喀斯特地区石漠化

- 应靠近水源，便于生活生产取水，适度合理地开采地下水，避免造成溶岩塌陷和地面沉降；妥善保护周边树木及原生植被，并且与河流宜保持一定距离，保护灌溉水源。

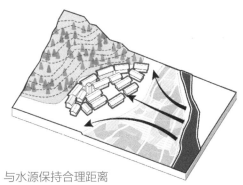

与水源保持合理距离

- 应避让重要的生态廊道和生态功能空间，避免对地区生态网络格局的切割，造成生态环境破碎化。

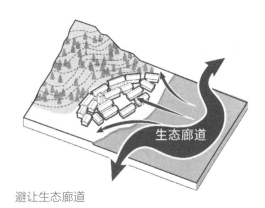

避让生态廊道

2.1.3 经济性

对存在扩建或更新等需求的村寨，为保证选址经济性，应顺应地形地势的变化，合理布局，充分利用土地资源，并符合下列要求：

- 靠近道路等交通设施，提升交通经济性。
- 选取光照充足、水源丰富、交通便捷、地形平坦宽阔的主河谷地带建设村寨，适于耕作、生产、生活与村寨发展。

选址经济性示意图

2.1.4 文化景观延续性

为延续村寨文化景观，更新时，应保持村寨原有的空间格局和既有文化景观类型，并符合下列要求：

- 村寨选址与周围的喀斯特山水环境有机融合，保持原有村寨山水空间关系。
- 保护具有历史文化价值的古村寨、古民居与公共防御设施，新建建筑宜延续原有地域文化特色。

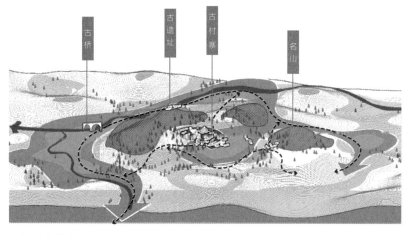

延续村寨文化景观示意图

2.2 村寨分类及发展策略

2.2.1 村寨分类

应从资源环境承载力、村庄规模、区位条件、经济发展水平和设施条件等方面对村寨进行发展潜力评估。基于评估结果，可将村寨分为优化提升型、特色发展型和基本保障型三类。

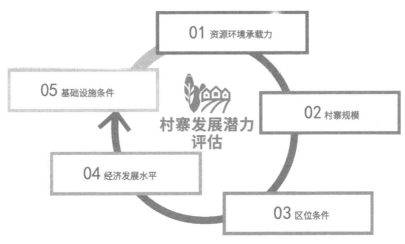

村寨发展潜力评估

2.2.2 村寨发展策略

针对不同分类的村寨，提出相应发展策略：

- 优化提升型村寨应在原有基础设施完善的基础上进行"微改造、精提升"，优化布局，治理环境。
- 特色发展型村寨应注重保护喀斯特山水格局，传承乡土景观，引导传统民居维护建设。应依托喀斯特自然与人文环境特色，打造喀斯特村寨乡土文化特色旅游品牌，进行就业引导，增加村民收入。
- 基本保障型村寨应结合村寨规模与区位环境改建或新建基本生活设施，实现3个基本保障。

优化提升型村寨的发展策略具体包括对村寨风貌、生态景观、人居环境等进行系统整合与优化提升，包括民居立面改造、打造美丽庭院、修复传统村寨风貌、建设美丽公路等。并应完善村寨生产生活配套设施，成为可辐射一定范围的中心村。

3个基本保障指基本安全保障、基本生活保障和基本卫生保障。基本安全保障应完成危房改造，完善基本防灾避灾设施体系；基本生活保障应满足供电、供水、道路等基本日常生活需求；基本卫生保障应实现人畜分居，控制蚊蝇鼠蟑危害，完善厕所等卫生设施。

村寨分类发展策略

2.3 聚落体系优化

2.3.1 构建区域生态格局

为构建区域生态格局，应以资源环境承载力和国土空间开发适宜性评价为基础，严格遵循法定国土空间规划划定的"三区三线"和其他管控要求，并应符合下列要求：

· 以村寨所在地区原有的喀斯特山形水系为自然基底确立生态敏感区。在生态敏感区严禁开发与建设行为，对受损或退化的生态系统进行修复，对重要的生态系统进行保育保护，提升区域应灾韧性和生态系统服务供给。

· 根据喀斯特村寨区域的生态空间要素划分生态功能区，在山林保育生态功能区内严格管制林业和附属产业活动，严禁农业生产活动，严格保护农业生产空间和村寨生态空间。

· 合理划定生态廊道宽度，连接生态功能区。生态廊道的管控应重视生态修复层面的生态质量提升。经过村寨与居民点的区段可适当降低廊道宽度，但弹性调整宜在保障喀斯特生态格局完整性的基础上进行。

· 依托喀斯特峰林山间田坝合理划定建设控制地带。优先保护农田区域，保障喀斯特地区珍贵的耕地资源。可选择建设控制地带中对生态网络干扰较少的地段优化村寨对外交通，作为村寨拓展后备区。

山形水系为自然基底
确立生态敏感区

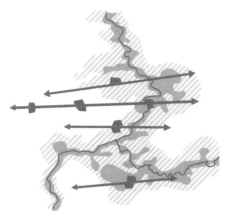

划分生态功能区
连接生态廊道

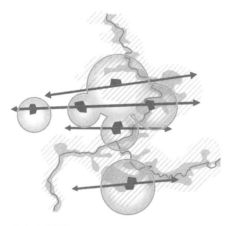

生态廊道管控
保障生态格局完整

划定建设控制地带
优化交通作为拓展后备区

2.3.2 优化区域交通网络

　　为优化区域交通网络，聚落体系优化应遵循合理有效、安全韧性和因地制宜的原则，从村寨区位特征出发，加强与周边村寨与城镇、高等级道路、自然风景区等的连接，因地制宜实现交通网络的高效率，针对其主要交通问题，分别采取以下优化措施：

· 对于区位靠近城镇的村寨，应建立快速交通路网，加强与城镇的交通可达性，充分利用城镇辐射作用，巩固区位优势。

· 对于区位较为偏远的村寨，应在原有乡道、县道的基础上，优化与高速路、国道和省道等高等级道路的衔接。加强对外联系，积极融入区域发展。

· 对于区位交通条件差的偏远村寨，除了应积极对接区域交通设施之外，还应重视构建镇域交通网络体系，保证村村通路。

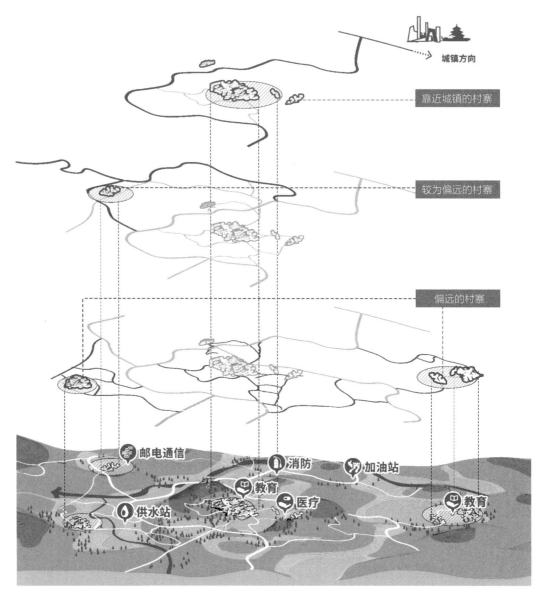

城镇方向

靠近城镇的村寨

较为偏远的村寨

偏远的村寨

邮电通信　消防　加油站

教育　医疗

供水站　教育

优化区域交通网络

2.3.3　构建公共服务层级体系

　　为构建公共服务层级体系，聚落体系优化应分层分级整体配置公共服务设施，合理确定服务半径，调整公共服务设施布局，并应符合下列要求：

- 公共服务设施宜包括基础必配和特色选配板块，满足不同人群需求，引导村民参与公共服务设施规划。
- 公共服务设施可依托既有设施，逐步推进村寨公共基础设施、公共文体教育、公共卫生服务和养老幼托设施的城乡一体化建设。

2.3.4 形成文化区域及路线

为形成文化区域及路线，应依托村寨所处区域的自然景观、生计模式、人文要素、地域特色，加强保护传承，构建文化线路与文化区域，塑造具备地方和民族特色的文化景观，并应符合下列要求：

- 文化价值突出的聚落群与周围的喀斯特重要自然景观和历史遗迹可形成文化区域，应设置保护核心区并进行整体保护。
- 重视喀斯特村寨历史遗迹（如坉、寨墙、寨门、民居等）的挖掘与保护。
- 基于对自然条件和历史背景的解读，重构遗产景观序列，连接重要遗产点，构建喀斯特村寨文化景观体系。文化路线适当连接村寨公共空间，在服务于村民日常生活的基础上，推出喀斯特特色旅游路线。

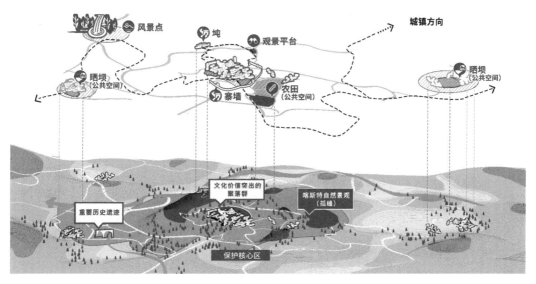

文化区域及路线构建示意图

第 3 章　农业景观

3.1　生态环境保护

3.1.1　保护山林水体

应首先对村落山水格局进行整体把控，引导乡村更新建设与自然生态环境有机结合，重视岩溶、峰丛、石林等特征地貌的保护利用和土地石漠化修复，并保护村寨内部及周边一定范围内的山林和水体，应符合以下要求：

- 水体的保护应包含调查和评价水资源，以及规划和管理水资源两个步骤。应当通过各种措施和途径防控和控制水源污染，主要措施包括农业措施、林业措施和工程措施。还应结合村寨具体环境和现实条件实施各类保护措施，做到弹性、高效。
- 山林的保护应做到完善山林防火防灾措施，严禁乱砍滥伐，保证树木正常生长，防止森林面积的减少。还应加强相关政策落实，加大森林资源的保护力度。

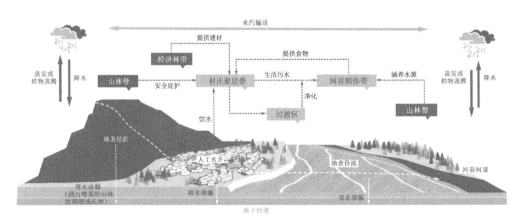

山林水体分布总体格局

3.1.2　保护生物多样性

以生物多样性为重点，充分调查本土动植物资源与群落特征，重点保护乡土动植物，杜绝盲目引种造成外来物种入侵危害，形成稳定的本土生物群落。

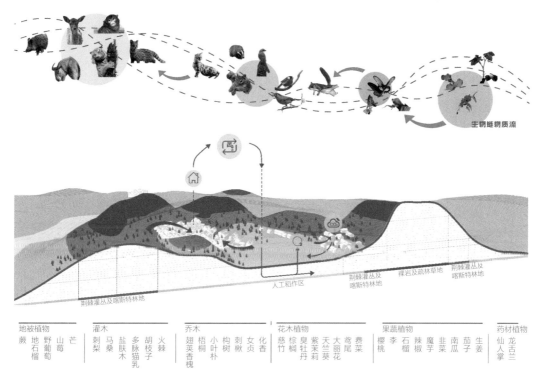

生物延物质流

荆棘灌丛及
喀斯特林地

人工稻作区

荆棘灌丛及
喀斯特林地

裸岩及疏林草地

荆棘灌丛及
喀斯特林地

地被植物	灌木	乔木	花木植物	果蔬植物	药材植物
蕨 地 石 榴 野 葡 萄 山 葡 萄 芒 莓	刺 梨 马 桑 盐 肤 木 多 脉 猫 乳 胡 枝 子 火 棘	翅 荚 香 槐 梧 桐 小 叶 朴 构 树 刺 楸 女 贞	化 香 慈 竹 棕 桐 臭 牡 丹 紫 茉 莉 天 竺 葵 大 丽 花 鸢 尾 花	费 菜 樱 桃 李 石 榴 辣 椒 魔 芋 韭 菜 南 瓜 茄 子 生 姜	仙 人 掌 龙 舌 兰

喀斯特地区物种分布

3.1.3　环境污染防治

应注重村寨环境污染防治包括源头削减、污染控制与资源利用等，遵循分散处理为主、分散处理与集中处理相结合的原则。污染防治对象包括面源污染（农药）、固体废弃物以及村庄污水。

村寨建设区域　　　农田区域　　　河谷自然区域

源头减量或循环利用
垃圾分类系统
集中处理与无害化利用
山体涵养水源
户厕净水
生态陶架防洪
复合式净化系统
污水水瀑治理

环境污染防治体系

3.2　农业景观

3.2.1　保护农业景观

农业景观保护宜尊重原有耕地范围，严格遵守永久基本农田保护红线，遵循灌溉系统、农业核心区和附属设施的相关建设原则。需被重点保护的农业景观要素包括农业生产要素、生态环境要素和文化生活要素。农业景观建设原则包括：

· 严格控制灌溉系统周边建设，保护灌溉水源。
· 农田核心区内应保证原有生产功能，展现喀斯特地区传统农田风貌。
· 农田附属设施宜进行低影响开发，可种植观赏稻谷等景观作物，可少量建设观景台、栈道等景观设施，但应尽量降低对农田的影响，不宜进行高强度建设。

3.2.2　传承农业生产

监测并保护传统核心作物安全，保持传统优势作物，传承传统农业生产模式，并在此基础上鼓励产业创新。

· 应结合当地自然条件与种植历史，建立作物品种库，纳入监测保护。在承担主要生产功能的农田核心区内，核心作物种植不应小于一定比例，宜遵循传统耕作方式，不宜大量使用农药、杀虫剂。
· 产出作物在农户自给自足之上可发展地区特色品牌，条件成熟的情况下鼓励进行有机认证，开发衍生产品，增加收入，鼓励农户延续农业生产。

3.2.3　传统生计模式多样化

鼓励在延续以农耕为核心的生计模式的基础上结合现代化需求，一方面在延续传统生计模式的框架下，推广以核心作物为主的多样化农业种植、发展特色农业，如特色果树、有机蔬菜等，增加农业收入；另一方面，发展当地旅游资源与传统手工艺，丰富生计模式。

农业景观保护要素包括：
农业生产要素：农田、耕地、树篱、道路及灌溉系统；
生态环境要素：草地、湿地、林地、自然河流；
文化生活要素：农耕活动、民俗节日。

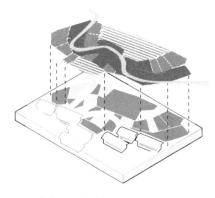

设置农业景观保护区

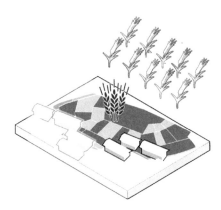

监测并保护核心作物安全

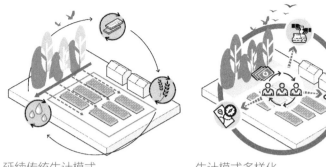

延续传统生计模式   生计模式多样化

3.2.4 保护农业文化

应保护喀斯特地区农业文化，延续喀斯特农耕文化，传承地域文化与相关仪式。

- 延续农耕节气文化：应结合二十四节气与地方特色农耕节日，回应传统耕作方式，保护传统农耕文化，开展相关活动，鼓励农户与居民共同参与。此外，可积极引入农耕市集等新型活动，发展旅游，带动经济发展。
- 传承仪式与地域信仰：应进行积极宣传与引导，保护非物质文化遗产，宜结合地域文化传承与村寨空间的利用与更新，将农耕文化和地域信仰的转译与表达作为村寨空间更新的重要设计策略。

延续农耕节气文化   传承仪式与地域信仰

第 4 章　村寨形态与空间格局

4.1　顺应自然环境

4.1.1　适应喀斯特地形地貌

　　村寨空间形态布局应适应喀斯特地区的自然环境，包括崎岖的地表、峰丛林立的地形，分布不均的支状水系，湿润的气候条件等。同时，宜充分考虑坡面稳定性，村寨空间形态布局应避开溶蚀地貌，尽可能避免泥石流、滑坡等地质灾害影响。

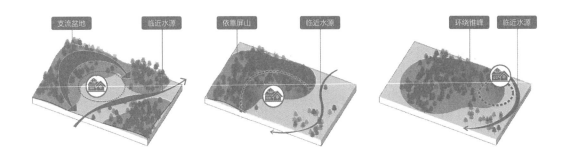

喀斯特地区村寨山水关系

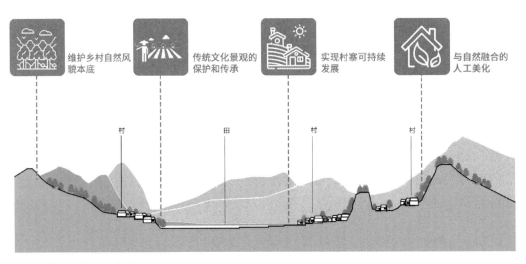

顺应自然环境的建造方式

4.1.2 土地适宜性评价

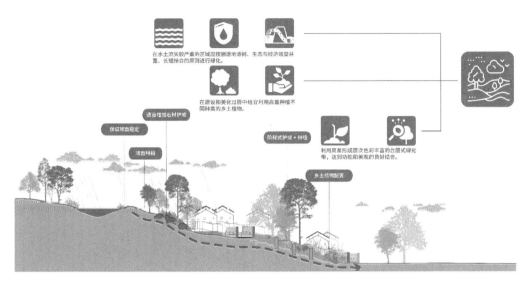

村寨空间高差利用

4.2 明确建设适宜性

由于喀斯特地貌的复杂性和脆弱性，村寨规划建设应首先进行用地适宜性评价，为村寨土地利用与建设行为等提供科学依据。

地质地貌
山地村庄地形地貌形态复杂，地质条件直接影响到建筑工程的成本和安全性，是村庄建设必须考虑的因素。

坡度
地表平均坡度

矿藏
浅地层矿藏

地形起伏度
一公顷范围内地形起伏程度

地基承载力
地表单位面积的承负能力

相对高差
与已建区地表高差

地质环境复杂性
岩、土、水环境复杂程度

特殊性岩土
强烈湿陷性土、膨胀性土

喀斯特地区典型地质地貌

自然生态
山地村庄的生态环境极具敏感性和脆弱性，一旦被破坏就很难恢复，因此生态环境是村庄建设用地评价不可忽略的因素。

土壤质量
土壤维持生物的生产力、保护环境质量的能力

水系水域
江河、大面积水域

植被覆盖率
岩、土、水环境复杂程度

洪水位
20/50/100年一遇洪水位

水源保障率
距离水系、防洪标准

生态脆弱区
严重生态脆弱区

污染源
造成环境污染的污染物发生源

生态敏感度
生态受干扰的敏感程度

土地适宜性评价指标

依据现行国家标准《美丽乡村建设指南》GB/T 32000的规定，村庄规划应科学、合理、统筹配置土地，依法使用土地，不得占用基本农田，慎用山坡地。确定生态环境保护目标、要求和措施，确定垃圾、污水收集处理设施和公厕等环境卫生设施的配置和建设要求。可根据地质地貌、自然生态、自然灾害和社会经济四大方面评价建设适宜等级。地质地貌又包含坡度、地形起伏度、相对高差、特殊性岩土、矿藏、地基承载力、和地质环境复杂性等因子；自然生态包含土壤质量、植被覆盖率、水源保障率、污染源、水系水域、洪水位、生态脆弱区和生态敏感度等因子标。自然灾害部分包含地震、崩塌滑坡、塌陷、断层、不良土地、洪涝灾害和地质环境复杂性等因子。社会经济方面包含土地利用、重大基础设施影响、各类保护区各类控制区、村镇影响和交通影响等因子。喀斯特地区少数民族聚落内部空间结构比例的优化应根据地域的实际情况来控制各类型空间规模大小，以确保聚落内空间功能的多样性，增强空间环境的舒适度，重点保护农业空间与生态空间、延展社会交往与休闲空间、适度配置服务空间。

4.3 保护传统肌理

村寨空间格局的更新应坚持有机更新和突出地域性特色,从山水环境、街巷系统、公共空间和传统民居等角度进行考量:

- 保护和利用自然资源,因地制宜灵活布置各类服务设施。宜延续河流水系的自然驳岸形式、选用地方建材、重点保护古树名木、运用乡土树种营造地域性景观等。
- 延续传统街巷的走向和层级,把握主街、巷道、乡间小路等尺度的不同,有针对性地进行街巷的保护、疏通和修缮等。
- 提升公共空间的多样性,应结合村寨现实需求合理配置以戏台、晒坝为主的公共生活组团、以门楼和庙宇为主的节事组团等传统公共空间。对村寨重要节点进行重点设计,充分展示地方传统文化。

———

对于历史建筑、古迹和环境的保护应满足《历史文化名城名镇名村保护条例》(国务院令第524号)的相关要求。在保护传统古建筑的消防安全时,应按照《古建筑消防规范》配套相关消防设施。将村委会服务中心设置为防灾指挥中心,卫生室设置为医疗救助中心,并利用广场作为避震及紧急疏散场所。依据现行国家标准《历史文化名村保护与修复技术指南》GB/T 39049的规定,村落传统格局包括村落轮廓、街巷格局、重要建筑、环境要素的相对位置等,保护措施如下:重点保护街巷结构、走势、宽度及形成街巷的建筑尺度,维护街巷、院落空间的历史风貌与形态特色;建(构)筑物的体量、高度、形制、材料、色彩等需与传统风貌相协调,重要天际线完整、景观视线通畅是至关重要的;核心保护范围内不宜新建、扩建、改建原有街巷,对原有街巷进行整治时,维护原有路网格局、比例尺度、路面材质、色彩肌理等特征是至关重要的。

延续原有的空间格局、巷陌网络等传统景观特征
核心保护区域内禁止新建、扩建建筑物。在建设控制区域内的新建建筑应符合当地地域特色,不能破坏原有景观和建筑风貌。

延续原有空间格局

———

依据现行国家标准《历史文化名村保护与修复技术指南》GB/T 39049的规定,应对具有历史文化价值的建筑进行保护,其中包括:

- 文物建筑:被公布或登记为不可移动文物,具有历史价值,科学价值和艺术价值的古建筑、纪念建筑及优秀近代建筑。
- 历史建筑:经地方人民政府确定公布的具有一定保护价值,能够反映历史风貌和地方特色,未公布为文物保护单位,也未登记为不可移动文物的建筑物、构筑物。

· 传统风貌建筑（物）：除历史建筑和文物建筑以外，具有一定建成历史、能够反映传统风貌与地方特色的建筑（物）。历史风貌的保护重点包括历史风貌特色的界定、保护措施的制定以及长效监控机制的建立等。

对村寨内具有历史文化价值的建筑等应进行原址保护，减少干预

严禁拆除或破坏传统建筑，保护传统外观及结构特征；整理、优化周边环境，宜根据实际情况划定禁建或限建区域，加强植被复育。

保护历史建筑原址

保护村寨内部的古树名木

禁止砍伐、移栽本区内的保护林盘内胸径达10cm以上的乔木；对50年以上树龄的古树名木一律挂牌保护，并设文字说明，建立管养和监督机制。

保护村寨古树名木

4.4 用地功能优化提升

4.4.1 分区策略

若现有村寨用地功能已不能满足村民的生产生活需求，应根据以下策略对不同类型的功能用地进行优化提升：

· 村寨用地应当遵循村民行为习惯，满足民族传统习俗，增加邻里交往空间等有机的多功能复合空间。
· 农业用地应提高复种指数，优先选择地方特色作物与经济作物，在生态脆弱区实行轮作休耕。
· 产业用地应先根据本地资源合理发展绿色工业、特色工业，建立和发展符合地方实际的特色产业，走节能环保的新型工业化道路。
· 保护自然山体形成的天际线，从聚落空间序列、建筑组团、重点建筑等要素出发，营造丰富的空间界面，突出地方自然景观特征。

建设控制区域指为引导土地利用方向、管制城乡用地建设活动所划定的空间地域。在该区域内允许在控制建筑体量基础上进行新建、改建。优化提升区域指村庄内遵循乡镇国土空间规划或村庄规划统一布置，充分利用现有公共服务设施资源，综合考虑适合公共服务设施布局的区域。后备发展区域指村庄内自然环境基础较好，具有一定历史文化价值，围绕传统聚落保护区的具有典型地理地貌特征的区域，或依据村庄发展需求暂时不适宜进行建设的区域。

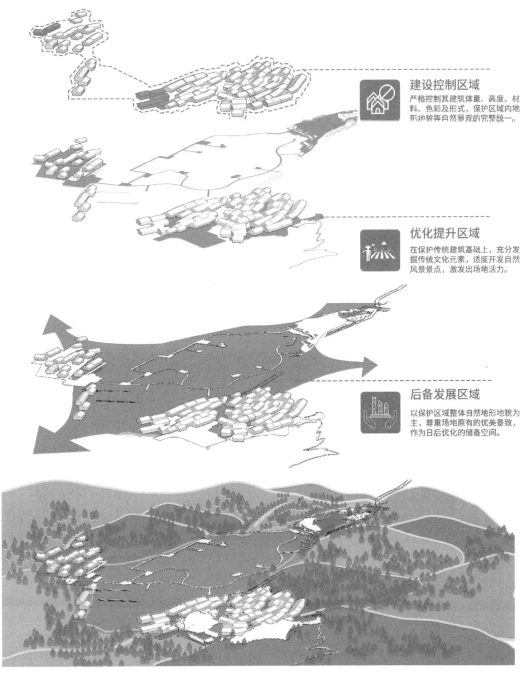

建设控制区域
严格控制其建筑体量、高度、材料、色彩及形式，保护区域内地形地貌等自然景观的完整统一。

优化提升区域
在保护传统建筑基础上，充分发掘传统文化元素，适度开发自然风景景点，激发出场地活力。

后备发展区域
以保护区域整体自然地形地貌为主，尊重场地原有的优美景致，作为日后优化的储备空间。

村寨分区发展策略

4.4.2 功能用地优化提升

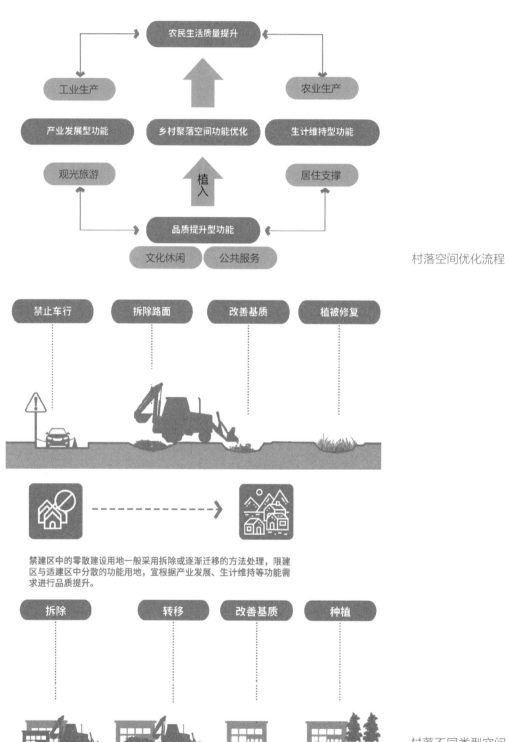

村落空间优化流程

禁建区中的零散建设用地一般采用拆除或逐渐迁移的方法处理，限建区与适建区中分散的功能用地，宜根据产业发展、生计维持等功能需求进行品质提升。

村落不同类型空间

优化策略

- 工业空间优化应根据本地资源合理发展当地特色工业，分离与乡村发展相冲突甚至造成污染的工业生产功能，在不影响居民正常生活的前提下组团安排，走新型工业化道路。
- 其他空间有机更新应当植入文化休闲功能，组织公共活动，创造邻里交往机会，完善公共服务功能，按照城乡等值和乡村现代化的要求，保障教育、医疗、卫生、社保以及基础设施服务。

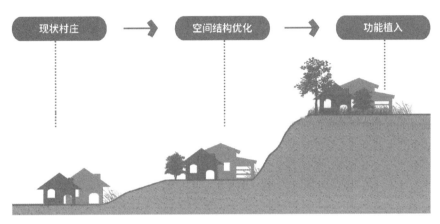

其他空间有机更新植入

利用适宜性评价结果指导用地规划、地价定位及已建设用地的更新，逐步实现生活空间、生产空间、生态空间有机均衡，提高空间使用的高效性与便捷性。

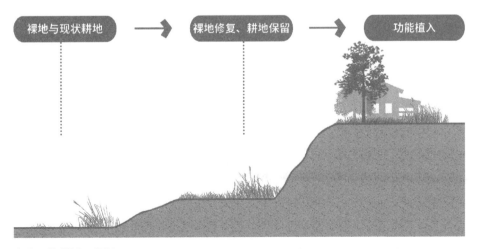

优化现状耕地、裸地

4.5 丰富的空间序列及界面

保护自然山体形成的天际线，从聚落空间序列、建筑组团、重点建筑等要素出发，营造丰富的空间界面，突出地方自然景观特征。

· 村寨建筑组团应随地势布局，边界相对清晰，并与山体轮廓相呼应，形成错落有序的空间界面。
· 村寨内部主要空间应塑造有序、自然的建筑界面, 保持历史建筑、历史古迹和历史环境要素原有的高度、体量、外观形象及色彩等。

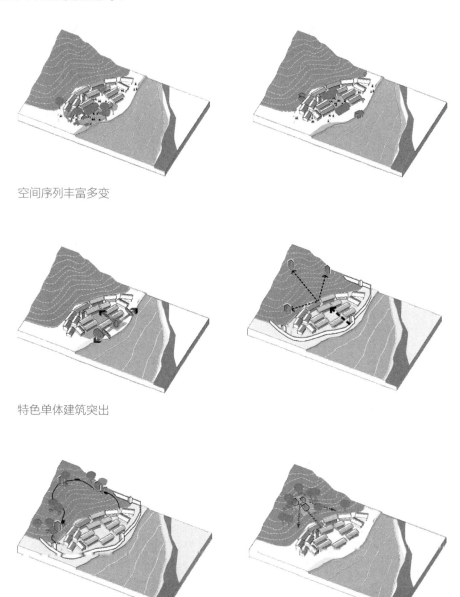

空间序列丰富多变

特色单体建筑突出

和谐融入周边环境

第5章 公共空间与景观

5.1 公共空间优化

5.1.1 核心公共空间优化

村寨核心公共空间的塑造应考虑到传统活动和当代活动的需求,并应与传统的生产功能与文化活动相结合,满足村民打谷、晒谷等农事活动需求和集会、祭祀等节日活动需求。应与当代村民的社会生活相结合,配套必要的开放活动场地、体育健身场地等,满足居民日常的休闲纳凉、闲话家常、体育锻炼、文艺活动等需求。

5.1.2 特色公共空间优化

村寨特色公共空间的优化应依据其类型进行相应的设计。村寨交流空间的优化应满足村民日常使用需求。结合戏台、井口等村内构筑,配套凉亭、座椅、标识系统等设施,优化周边绿化状况;同时,结合现代化的设计理念,在保留原有工艺与材料的基础上适当更新,满足工艺性、装饰性、科学性和功能性的要求。

村寨仪式空间的优化应延续仪式空间的文化和象征功能。梳理当地传统的祭祀、节庆、礼仪活动举行的时间节点、空间节点、路线、参与人员等具体事项,以此作为基础资料;保护和修复重点空间的建筑形制和建筑装饰,完善建筑空间序列,恢复场所周边景观环境。

核心公共空间优化

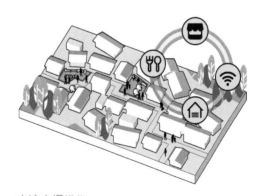

交流空间优化

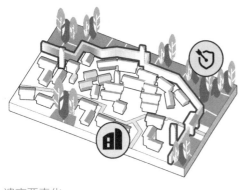

遗产要素化

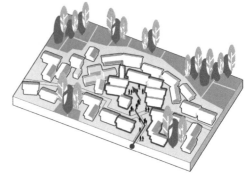

仪式空间优化

5.1.3　交通空间优化

　　村寨各个公共空间的链接应以街巷为纽带和骨架。聚落街巷的建设应延续旧村落道路走向，在此基础上新增贯穿村落的景观步行道并沿道路规划休闲空间。宜在街巷连接处创造日常交流和节日庆典等公共活动的场所，配置座椅、标识系统等设施。

5.1.4　公共建筑优化

　　村寨公共建筑应控制增量发展，注重存量更新。慎重进行大型公共建筑建设。传统建筑原型中提取经验进行选址和建造，并创新技术手段，提升建筑品质，体现地域特色。宜融入农事体验、农产品销售、办公、接待、展览、餐饮等公共活动，使公共建筑成为乡村公共生活的重要组成部分。

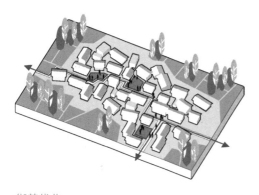

街巷优化

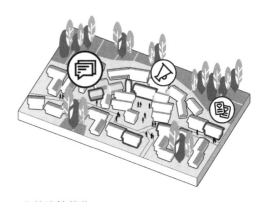

公共建筑优化

5.2 本土化景观营造

5.2.1 本土化景观营造原则

本土化的景观营造应遵循以下几点原则：

- 景观营造应顺应乡土环境。充分尊重喀斯特地区的峰丛、石林、溶洞、河流、梯田、生物等自然要素，展现地方性自然景观并减少对环境的破坏。
- 景观营造应把握空间尺度。尽量做到依山就势、尺度适宜、比例协调，避免形式单一、尺度过大、硬质过多，使目的和功能相适应。
- 景观营造宜借鉴传统符号。将村寨中的木石雕刻、材料纹理、带有地域特色的构筑物等要素作为现代景观设计的灵感来源，以唤起人们的地方认同和乡土记忆。
- 景观营造宜利用乡土材料，如石材、木材、竹材、夯土等。在应用过程中充分考虑各种乡土材料的形态、质感，在实践中灵活应用，以营造自然朴拙的地域特色。
- 景观营造宜利用乡土植物。植物选择宜选用寿命长、生长速度中等、耐粗放管理的植物或果树、观赏蔬菜等经济价值较高的植物，以节约成本、提高经济效应；植物选择宜充分考虑植物的季相特点，遵循艺术性和实用性原则，通过乔木、灌木、草本花卉合理搭配，实现四季有景可观。

| 顺应乡土环境 | 把握空间尺度 | 借鉴地域色彩 |
| 借鉴传统符号 | 利用乡土材料 | 利用乡土植物 |

5.2.2 山林景观营造

喀斯特山林景观的营造应在原有土壤和
植被的基础上合理补植、间伐、调整树种，
强化林分树种结构，同时适当引入登山步
道、观景平台、凉亭等构筑物，丰富村民活
动空间。

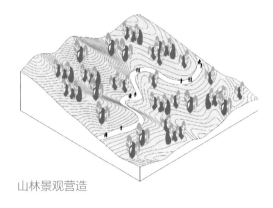

山林景观营造

5.2.3 河道景观营造

喀斯特河道、坑塘景观的营造应在保
障村寨生产、生活及防灾需要的基础上合理
布局疏通水系、净化水质，不宜填埋、占用
坑塘河道。河道应保证排洪、取水和水景观
等功能，坑塘应保证旱涝调节、渔业养殖、
农业灌溉、消防储水、污水净化和水景观等
功能。可依托喀斯特山区的地形高差形成瀑
布、跌水等水景观，合理设置河道及两岸的
休闲娱乐场地，并保证其安全性，满足村民
的垂钓、游泳、野餐、戏水等活动需求。

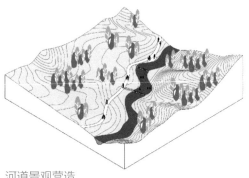

河道景观营造

5.2.4 农田景观营造

喀斯特农田景观的营造应实现对基本农
田的严格保护，适度进行石漠化耕地，退耕
还林还草。同时，依托农田开展观光、农事
体验等活动，展现传统农耕文化。

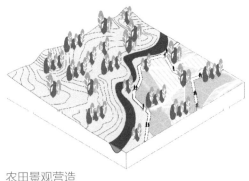

农田景观营造

第 6 章　村寨交通体系

6.1　因地就势

村寨交通体系选址应遵循因地就势的原则。在生态环境较为敏感的喀斯特山地地区，应基于现状条件，顺应地形地貌进行低影响开发，同时充分利用原有路基，减少工程建设量。

6.2　道路分级

村寨道路具有交通量小，功能多样化的特点，村寨交通体系布局应依据以下原则优化：

- 合理优化村寨与外部联通的主要道路，走向宜顺应山水地形。
- 合理布置村寨内部的主要道路，联系村寨核心空间及农田、河流等，应满足机动车（农用机械车）及非机动车的通行和临时停车需求，宽度不宜小于3.5m，且不宜过宽，可为单车道，结合实际情况可设置错车道。
- 因地制宜提升沟通邻里的街巷，街巷布局应顺应村寨空间格局，体现安全性和便利性。

6.3　步行交通

- 村内巷道需要优化或改建时，应当充分利用旧路资源，利用原有路基，充分回收和利用原有道路建材，根据村寨用地的功能、交通的流量和流向，结合喀斯特独特的自然条件和现状特点，梳理优化村寨内部步行交通系统。

保留原有路基

回收利用建筑材料

梳理步行交通系统

- 应当强调安全性，尽可能避免人车混行时的路线冲突；关注喀斯特地区常见地质灾害，重点关注溶洞、天坑等特殊的地质地貌及其可能发生的自然灾害，对可能存在的危险进行预判、规避与警示。

规避与警示地质灾害　　　　依山修山原则　　　　就地取材原则

- 应根据村寨实际情况更加充分地利用天然地形水文条件，引导游客体验观赏喀斯特地区神奇壮观的地质景象，尤其是滨河路径应充分利用喀斯特地区河流水系特征，按照不同河段的景观特征对滨河路径及沿线观景点进行增建或改建。

丰富游览体验　　　　充分利用水流特征　　　　满足防洪需求

- 应注意喀斯特地区农田石漠化等生态敏感性问题，尽量减少道路对农田的占用，对于过分占用农田的道路或景观栈道，应充分利用田中沟渠和边缘山体等非耕种地块对其进行改建或调整。

田间道路与乡村道路相连　　　严格选材与加强养护　　　减少农田占用

6.4　交通辅助设施

在建设村中交通辅助设施时，村寨道路布局在满足交通需求的同时，尽量照顾到不同群体的需求，应完善照明、标识等道路基础设施，并符合下列要求：

- 宜将停车场化整为零，并尽量设置与村寨民居集中区外围，大小停车空间互相结合，鼓励设置弹性停车场，不宜设置影响村寨整体风貌的特大型停车场。

- 宜适量设置公共交通站点，宜结合区域整体旅游规划与村寨分布格局，通过公共交通规划实现村寨公共服务共享与协同发展。
- 宜增设共享交通设施，包括共享电动车、共享自行车、共享拖车等，丰富出行途径与休闲游憩方式。
- 宜适当增加休憩平台、休闲驿站等服务性站点，提供短暂停留、休息与观景的场所，宜在完善其服务性功能之余，考虑人在其间的观景视野及观景体验。
- 宜适当增加道路标识系统，遵循人性化设计原则，满足村民及游客需求，根据交通动线对标识系统进行整体规划，同时融合地域特色对标识牌进行统一的外观设计。

第 7 章　环境卫生设施

7.1　生活污水处理设施

　　针对村内产生的生活污水，宜充分利用喀斯特地区地形特点，优先采用几户共用的三格式化粪池+小型人工湿地（植草沟）处理污水，可根据实际情况采用人工湿地、一体化处理设施、活性污泥法以及膜生物反应器等村寨生活污水治理模式和工艺，尽可能地减少运行维护支出。有条件的农户可置入户用的净水模块处理生活污水。

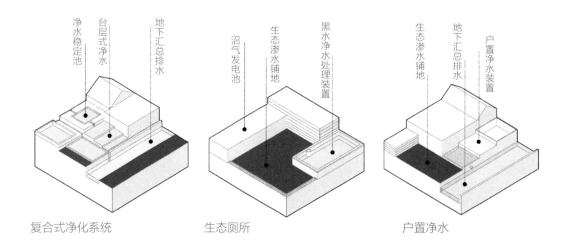

复合式净化系统　　　　　　　生态厕所　　　　　　　户置净水

7.2　垃圾处理设施

　　生活垃圾处理应秉持减量化、无害化和资源化的原则，禁止垃圾露天堆放，防止垃圾污染喀斯特山地与水环境。在垃圾处理模式、垃圾桶布置中宜符合以下要求：

· 形成"村收集、镇转运"无害化生活垃圾收集处理模式。分类处理干湿垃圾，实现部分就近利用、部分专门收运。

· 垃圾点布置应达到数量和服务半径的要求。依托村小卖部、小型超市、农村电商小屋等，按照一个村庄1—2个的标准设置收储可回收物及有害垃圾收集点。

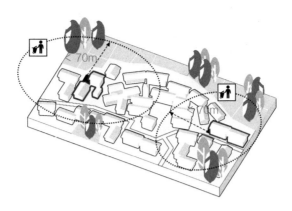

村内垃圾点布置

对于厨余垃圾、果皮、树叶、畜禽粪便等可腐垃圾，通过喂养畜禽或沤肥还田；对于红白喜事等集会性活动产生的餐厨废弃物，实施专门收运处置；煤渣、灰土等，可就近用于房前屋后填坑补路；乡场、村寨的灰土、砂石，可用于填埋修路覆盖层原料；农户收储的回收垃圾及有害垃圾可建立回收网络进行收运;白色垃圾、包装盒及一次性餐盒等其他垃圾在村收集点集中后，通过农村生活垃圾收运体系进行处置。

第 8 章   公共服务设施

8.1   文化设施

　　举办节事庆祝、日常交流、观演集会所需的文化公共空间与文化建筑，宜分别参照以下策略：

- 修复提升文化广场周边的建筑界面，使其融合地域文化特色，文化广场应设置公厕。
- 优化植被种植，营造舒适宜人的微气候环境，促进村寨公共交往。
- 建设展陈村寨历史、文化的村史馆文化馆等建筑应慎重介入村寨场地环境，宜以喀斯特地区页岩、木材等作为主材，宜采用本地工匠的传统技艺，在建筑结构，风貌中融入乡土特色。

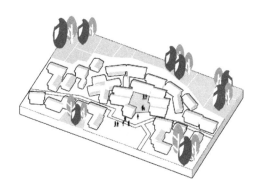

文化公共空间和建筑

8.2   体育设施

　　宜建设小型运动场地，丰富村民日常文体生活，增强乡村社区凝聚力。篮球场可结合现有的村民广场、停车场建设，若场地规模有限则可建半场篮球场。有条件的村寨中还可结合现有公共空间布置健身设施。

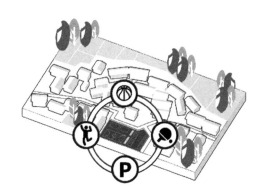

小型运动场

8.3   商业设施

　　宜在村寨中建设小型商业组团、商业建筑和赶集街道，并参照以下建议：

- 宜将小卖部、小型超市、三农超市、农村电商、邮政综合服务站、快递点等商业设施组团布置于

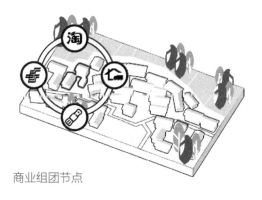

商业组团节点

交通便利的地方，形成村寨内部商业节点。可改造既有建筑，增设快递驿站、儿童书吧等功能，成为复用性公共建筑。

- 整理、优化村庄赶集街道，遵照本地习惯布设摊位空间。提倡在有条件的村寨内建设集宣传展示、电商平台、农业教育、乡村物产田园体验于一体的集市空间。
- 对于具有较强的社会联系的村寨，宜根据其地方传统设置公房，以满足文体、公共活动需求。

8.4 养老卫生设施

应在交通便利处设置村卫生室，充分考虑独居、残障老年人的生活需求有条件的村寨中可结合既有公共建筑或闲置住房，将卫生室与养老院合并设置，并合理布局适老化的生活设施、房间或套间、院落等空间。

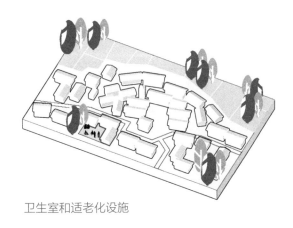

卫生室和适老化设施

第 9 章　民居与庭院

9.1　民居改造提升策略

9.1.1　传统风貌保护

　　喀斯特地区民居风貌保护应遵循以下原则:

- 在满足舒适性、安全性的前提下,保留传统建筑风貌。
- 保护建筑群风貌一致性,建议外立面材质、建造方式统一。
- 采用适宜的建筑材料和建造方式,在考虑经济性、适用性的情况下有选择地将现代技术与传统建造方式相结合。

———————
如建筑结构统一采用石结构、石木结构、穿斗式木结构,在局部上统一使用石基础、木板墙、石板屋面、石雕、木雕装饰等。

9.1.2　物理性能提升

　　针对喀斯特地区民居缺乏卫生间,采光不足、易受潮、保暖性能差和隔声不佳等常见问题,可利用庭院或其他空间增设卫生间,采用门窗改造、屋顶增设亮瓦、天窗弥补采光不足,通过屋面通风间层技术加强通风效果;以及隔墙楼板隔声保温增强等,适用技术改善房屋保暖和隔声性能。

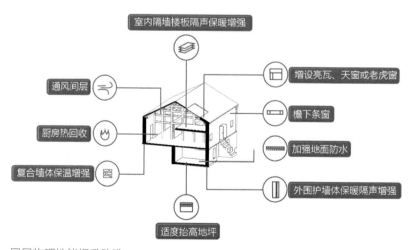

民居物理性能提升改造

9.1.3　乡土材料工艺

　　在民居改造过程中应尽量保护和重用传统乡土材料和工艺。选材时一方面利用旧材料，另一方面可选取简单、耐用的新材料，鼓励就地取材，利用传统工艺。

────
喀斯特地区部分民居采用当地石灰岩或页岩砌筑，这种材料密度较高、不透水性较好。砌筑方式包括石块砌筑、片石叠砌等，既美观又可以防潮。部分民居亦采用木材进行建设，大多选用当地乡土树种，如杉木、松木等。

9.2　庭院功能优化与景观提升

9.2.1　复合性功能庭院

　　庭院功能优化原则包括以下方面：

· 在满足原有的生产生活需要基础上，进行功能优化，置入新的功能。传统功能包括晾晒谷物衣服、储存、饲养牲畜、堆放柴草、种植蔬果、美化环境、交流、就餐、休憩等；置入符合现代生活的文旅业态。
· 依据其空间形态、面积、地形因地就势进行功能优化。如面积较小的庭院主要适合休憩、停留，面积较大的庭院可组织农业生活体验、集会、看电影等功能，两者之间应保持适当距离，相互补充，增强功能连续性。
· 结合道路形成多功能空间，容纳农产品展销、乡村活动体验、小型停车场、休息站等功能，与公共交通空间相互渗透共生。

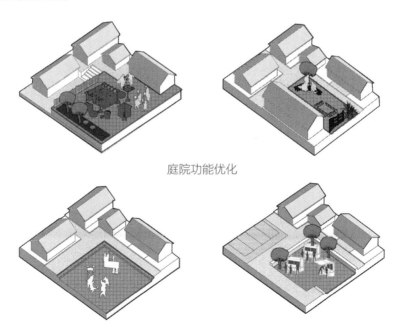

庭院功能优化

9.2.2　本土化庭院景观营造

喀斯特地区庭院景观地域特色营造原则：

- 利用地形：喀斯特地表崎岖不平，景观需要在层层错落的高差变化中营造，建议使用挡土墙、叠水、叠级的花坛或者结合高差进行台地组合景观。
- 利用碎片化空间：可利用喀斯特地区特色石路或石墙，在缝隙中种植三角梅、肾蕨、石苇、仙人掌、海芋等观赏植物，打造特色公共庭院。鼓励村民在台阶或墙角利用废弃材料制作简单容器种植花卉或蔬菜。
- 优化附属构造物：应采用低扰动的方式，将原有材料进行改造，体量适当，不宜过大。

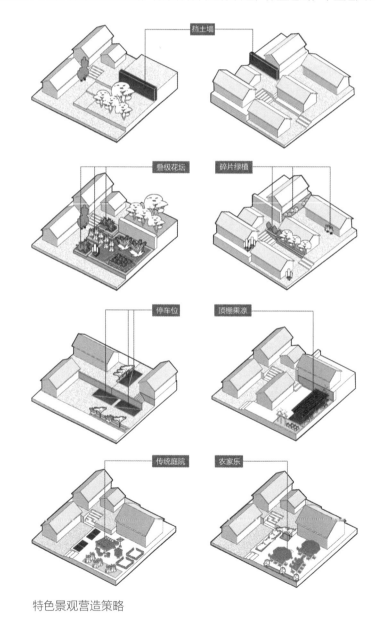

特色景观营造策略

9.2.3 庭院景观材料

喀斯特地区庭院景观材料的选用应符合以下原则：

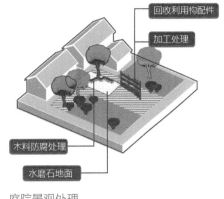

庭院景观处理

- 最大限度地使用本地营造材料，对保存完好的构配件及材料充分回收利用。
- 合理采用耐久性好、易维护、低能耗的材料。
- 选择经济适宜、可循环利用、环保性强的材料。
- 优先采用本土材料与本土营造工艺。

9.2.4 庭院植物配置

喀斯特地区庭院景观植物配置应符合以下要求：

- 应选取适应岩溶干旱、高钙和重碳酸盐、低营养、高pH等典型喀斯特土壤环境的植物，优选乡土植物。
- 以不同功能搭配植物，如乘凉避暑的乔木和藤蔓植物，为生活提供便利。
- 搭配协调庭院植物，尊重审美需求，色彩和谐，季节变换。
- 考虑经济价值，节约种植和养护成本。

喀斯特地区乔木主要有翅荚香槐、梧桐、小叶朴等，灌木主要有刺梨、马桑、盐肤木、胡枝子等，藤蔓植物主要有三角梅、五叶地锦、佛手瓜、葡萄等。经济作物可以选择樱桃、李、石榴等果树，或仙人掌、商陆、蓖麻、土人参等药材植物。花木植物主要有慈竹、棕榈、海芋、臭牡丹、紫茉莉、天竺葵、大丽花、鸢尾、费菜等。

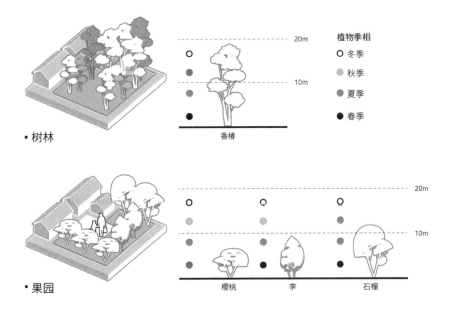

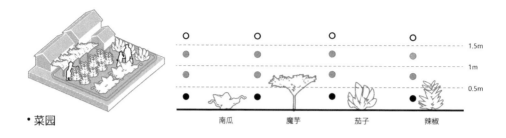

• 菜园

				1.5m
				1m
				0.5m

南瓜　　　魔芋　　　茄子　　　辣椒

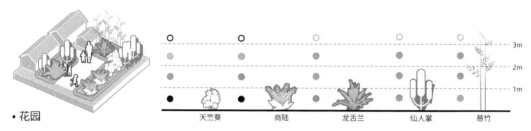

• 花园

					3m
					2m
					1m

天竺葵　　商陆　　　龙舌兰　　仙人掌　　慈竹

喀斯特庭院植物配置示意图

第 10 章　能源绿色低碳转型

10.1　太阳能

应优先使用绿色电能，推动供电、供生活热水、供暖的太阳能光伏及集热系统等低碳技术的引进和运用，通过加快技术推广助力能源利用转型。在民宿、餐馆等功能复合的民居建筑中，宜置入太阳能暖房或屋顶天窗。

村寨入口、重要广场、主要道路两侧等村寨重要节点加装太阳能光伏系统时，需严格控制安装尺度、形式与色彩，与环境保持协调美观，并进行加装后效果图和视线分析。既有民居建筑加装太阳能光伏系统时，需首先评估屋面尚载承受力，使用与屋面颜色相近的光伏组件，屋面上的布置宜整齐对称。供暖系统设计时，应符合现行国家标准《太阳能供热采暖工程技术标准》GB 50495、《民用建筑太阳能空调工程技术规范》GB 50787的有关规定。太阳能暖房可参考《农村地区被动式太阳能暖房图集(试行)》。

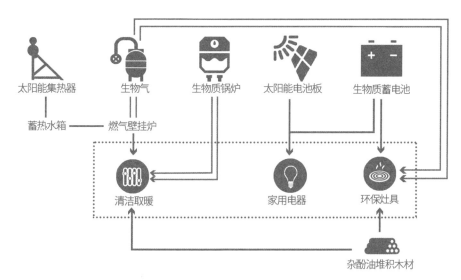

绿色能源体系

10.2 生物质能源

积极鼓励生物质能源的生产和使用，促进生态敏感地区村寨的能源转型。

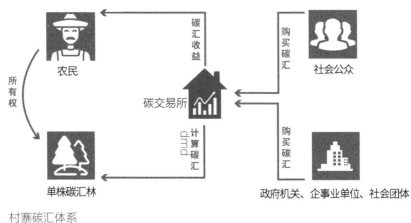

村寨碳汇体系

喀斯特地区的生物质能源主要包括禽畜粪便、农林废弃物、有机污水等，可用于发电、制作燃料电池和生物质颗粒、可燃气。有条件的村庄可根据实际需求设置堆肥间、沼气池、生物质电厂等，并建立试点推广。

10.3 林业碳汇

应在稻田湿地、水景观中种植沉水植物，科学构建改善水质、增加碳汇的水生生态系统。同时，应保护天然次生林和原始林地，在荒地植树造林，增加地表生物与地下岩溶碳汇通量。

农民参与林业碳汇的方式主要包括6种：一是在林地经营权集中在村集体，没有分散到农户手里的情况下，以农村集体名义将林地租赁给林业公司，由其经营碳汇林；二是以农村集体名义将林地入股林业公司，通过合同约定，共同经营碳汇林；三是由村集体自己经营碳汇林；四是农户以林地入股，发展林业专业合作社经营碳汇林；五是农户将自有林地租赁给林业公司，由其经营碳汇林；六是农户将自有林地入股林业公司，共同开发林业碳汇项目。